石油石化现场作业安全培训系列教材

盲板抽堵作业安全

中国石油化工集团公司安全监管局
中国石化青岛安全工程研究院 组织编写

中国石化出版社
HTTP://WWW.SINOPEC-PRESS.COM

图书在版编目（CIP）数据

盲板抽堵作业安全 / 刘洋主编；中国石油化工集团公司安全监管局，中国石化青岛安全工程研究院组织编写．—北京：中国石化出版社，2017.6（2021.11重印）

石油石化现场作业安全培训系列教材

ISBN 978-7-5114-4480-6

Ⅰ．①盲… Ⅱ．①刘… ②中… ③中… Ⅲ．①盲板－安全培训－教材 Ⅳ．① TE973

中国版本图书馆 CIP 数据核字 (2017) 第 118911 号

中国石化出版社出版发行

地址：北京市东城区安定门外大街 58 号

邮编：100011　电话：(010)57512500

发行部电话：(010)57512575

http://www.sinopec-press.com

E-mail:press@sinopec.com

北京富泰印刷有限责任公司印刷

全国各地新华书店经销

*

787 × 1092 毫米 32 开本 1.625 印张 32 千字

2017 年 6 月第 1 版　2021 年 11 月第 3 次印刷

定价：20.00 元

《盲板抽堵作业安全》编写人员

主　　编： 刘　洋

编写人员： 苏国胜　李　欣　蒋　涛　孔小强　孙志刚　辛　平　李洪伟　张丽萍　王洪雨　赵英杰　张　艳　赵　洁　尹　楠

序

近年来相关统计结果显示，发生在现场动火作业、受限空间作业、高处作业、临时用电作业、吊装作业等直接作业环节的事故占石油石化企业事故总数的90%，违章作业仍是发生事故的主要原因。10起事故中，9起是典型的违章作业事故。从相关事故案例和违章行为的分析结果来看，员工安全意识薄弱，安全技术水平达不到要求是制约安全生产的瓶颈。安全培训的缺失或缺陷几乎是所有事故和违章的重要成因之一。

加强安全培训是解决“标准不高、要求不严、执行不力、作风不实”等问题的重要手段。

企业在装置检修期，以及新、改、扩建工程中，甚至日常检查、维护、操作过程中，都会涉及大量直接作业活动。《石油石化现场作业安全培训系列教材》涵盖动火作业、受限空间作业、高处作业、吊装作业、临时用电作业、动土作业、断路作业和盲板抽堵作业等所涉及的安全知识，内容包括直接作业环节的定义范围、安全规章制度、危害识别、作业过程管理、安全技术措施、安全检查、应急处置、典型事故案例以及常见违章行为等。通过对教材的学习，能够让读者掌握直接作业环节的安全知识和技能，有助于企业强化“三基”工作，有效控制作业风险。

安全生产是石油化工行业永恒的主题，员工的素质决定着企业的安全绩效，而提升人员素质的主要途径是日常学习和定期培训。本套丛书既可作为培训课堂的学习教材，又能用作工余饭后的理想读物，让读者充分而便捷地享受学习带来的快乐。

前言

直接作业环节安全管理一直是石油化工行业关注的焦点。为使一线员工更好地理解直接作业环节安全监督管理制度，预防安全事故发生，中国石油化工集团公司组织相关单位开展了大量研究工作，旨在规范直接作业环节的培训内容、拓展培训方式、提升培训效果。在此基础上，依据《化学品生产单位特殊作业安全规范》（GB 30871）等，编写了《石油石化现场作业安全培训系列教材》。该系列教材系统地介绍了石油石化现场直接作业环节的安全技术措施和安全管理过程，内容丰富，贴近现场，语言简洁，形式活泼，图文并茂。

本书是系列教材的分册，可作为盲板抽堵作业人员、监护人员以及管理人员的补充学习材料，主要内容有：

- ◆ 定义；
- ◆ 盲板分类；

- ◆ 盲板选用；
- ◆ 作业许可管理；
- ◆ 安全技术措施；
- ◆ 应急处置措施；
- ◆ 急救常识；
- ◆ 典型事故案例分析等。

通过本书的学习，读者可以更好地掌握盲板抽堵作业的安全技术措施和安全管理要求，熟悉工作程序、作业风险、应急措施和救护常识等。书中内容具有一定的通用性，并不针对某一具体装置、具体现场。对于特定环境、特殊装置的具体作业，应严格遵守相关的操作手册和作业规程。

本书由中国石油化工集团公司安全监管局、中国石化青岛安全工程研究院组织编写。书中选用了中国石油化工集团公司安全监管局主办的《班组安全》杂志的部分案例与图片，在此一并感谢。

由于编写水平和时间有限，本书内容尚存不足之处，敬请各位读者批评指正并提出宝贵意见。

目录

1 相关定义

（1）盲板

盲板也可称作法兰盖、盲法兰或者管堵，是一种中间不带孔的法兰，用于封堵管道口、可拆卸的密封装置等。其功能与封头及管帽一样，只不过盲板是可拆卸的密封装置，而封头的密封是不能再打开的。盲板的材质有碳钢、不锈钢、合金钢、铜、铝、PVC 等。

（2）盲板抽堵作业

盲板抽堵作业是在设备、管道上安装和拆卸盲板的作业，具体指在设备抢修、检修及设备开停工过程中，设备、管道内可能存有物料（气、液、固态）及一定温度、压力情况时的盲板抽堵，或设备、管道内物料经吹扫、置换、清洗后的盲板抽堵。

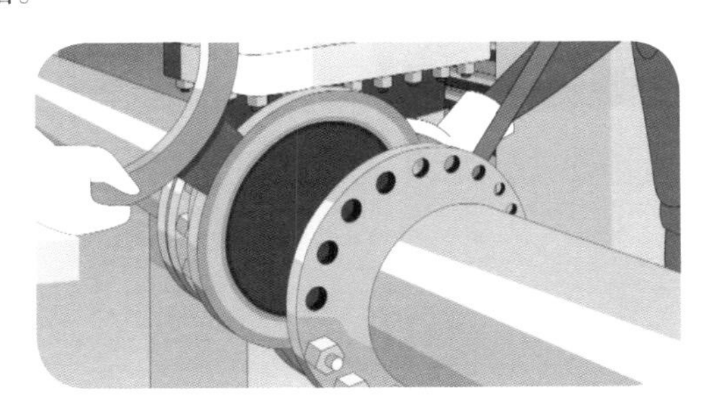

2 盲板分类

从外观上看，盲板一般分为板式平板盲板、8字盲板、插板及垫环。

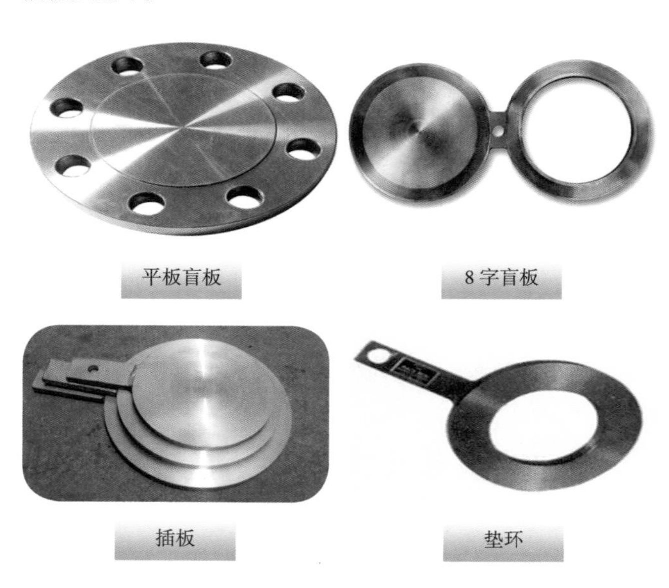

平板盲板　8字盲板

插板　垫环

3 盲板选用

（1）盲板选材应平整、光滑，无裂纹和孔洞。

（2）根据需隔离介质的温度、压力、法兰密封面等特性，选择相应材质、厚度、口径和符合设计、制造要求的盲板、垫片及螺栓。高压盲板使用前应经探伤合格，并符合《锻造角式高压阀门技术条件》（JB/T 450）的要求。

（3）盲板应有一个或两个手柄，便于加拆、辨识及挂牌。

（4）需要长时间盲断的，在选用盲板、螺栓和垫片等材料时，应考虑物料介质、环境和其他潜在因素可能造成的腐蚀，以满足正常生产运行需要。

（5）装置停工大检修及装置开工的盲板抽堵，应组织专项风险识别，制定和落实专项安全措施。

4 作业许可管理

4.1 基本要求

依据《化学品生产单位特殊作业安全规范》（GB 30871）的要求，盲板抽堵作业前，作业单位和生产单位应对作业现场和作业过程中可能存在的危险、有害因素进行辨识，制定相应的安全措施。生产车间（分厂）应办理盲板抽堵作业许可证或安全作业证。

如果在盲板抽堵作业过程中，还涉及动火、受限空间、高处、吊装、临时用电、动土、断路等作业时，除了应同时执行相应的作业要求外，还应同时办理相应的作业许可证。

4.2 作业流程

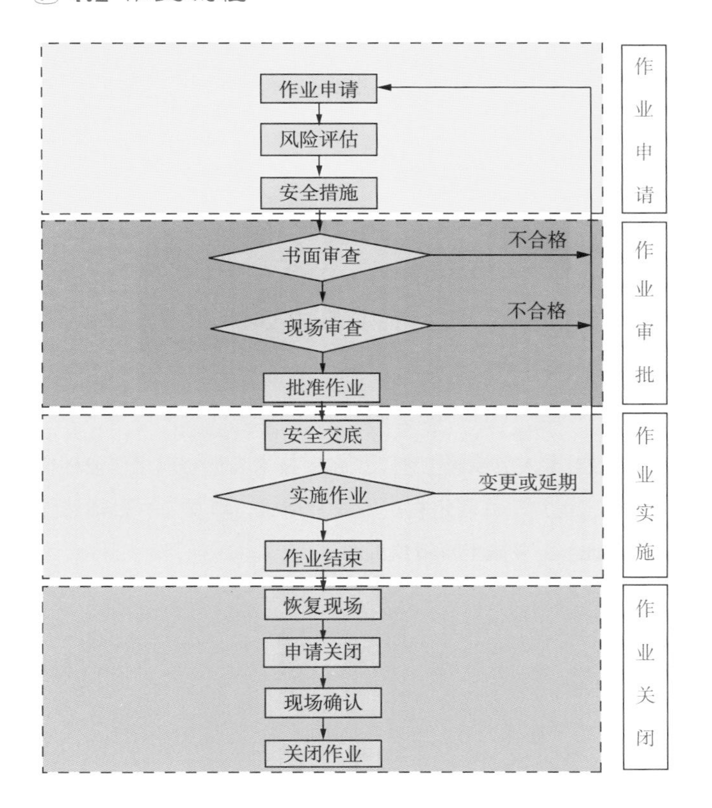
作业申请
风险评估
安全措施
书面审查
不合格
现场审查
不合格
批准作业
安全交底
实施作业
变更或延期
作业结束
恢复现场
申请关闭
现场确认
关闭作业
作业申请
作业审批
作业实施
作业关闭

4.3 作业许可证办理及审批

（1）生产车间（分厂）根据作业要求，画出盲板位置图，并对盲板进行统一编号，注明盲板的位置和规格，同时设专人统一指挥作业。

（2）专人应组织工艺、设备等技术人员对现场作业环境进行危害识别，并制定相应的安全措施，填写《盲板抽堵作业许可证》，并附上盲板位置图。

（3）专人向作业单位申请作业。作业单位对现场进行确认后，审核会签作业许可证。

（4）专人将作业许可证交给生产管理部门审批签发。

（5）作业结束后，由作业单位和生产车间（分厂）专人共同确认，在完工验收栏中签字，关闭作业许可证。

4.4 作业许可证管理

作业许可证不应随意涂改和转让，不应变更作业内容、扩大使用范围、转移作业部位或异地使用。

作业内容变更，作业范围扩大、作业地点转移或超过有效期限，以及作业条件、作业环境条件或工艺条件改变时，应重新办理作业许可证。

一个作业点、一个作业周期、同一作业内容应办理一张作业许可证。

作业许可证一式三联，第一联由作业单位持有，第二联交生产车间（分厂）保存，第三联由生产管理部门留存。

作业许可证应至少保存 1 年。

盲板抽堵作业许可证样式：

<table>
<tr><td>申请单位</td><td colspan="3"></td><td colspan="2">申请人</td><td colspan="2"></td><td colspan="3">许可证编号</td><td colspan="2"></td></tr>
<tr><td rowspan="2">设备管道名称</td><td rowspan="2">介质</td><td rowspan="2">温度</td><td rowspan="2">压力</td><td colspan="3">盲板</td><td colspan="2">实施时间</td><td colspan="2">作业人</td><td colspan="2">监护人</td></tr>
<tr><td>材质</td><td>规格</td><td>编号</td><td>堵</td><td>抽</td><td>堵</td><td>抽</td><td>堵</td><td>抽</td></tr>
<tr><td></td><td></td><td></td><td></td><td></td><td></td><td></td><td></td><td></td><td></td><td></td><td></td><td></td></tr>
<tr><td colspan="3">生产单位作业指挥</td><td colspan="10"></td></tr>
<tr><td colspan="3">作业单位负责人</td><td colspan="10"></td></tr>
<tr><td colspan="3">涉及的其他特殊作业</td><td colspan="10"></td></tr>
<tr><td colspan="13">盲板位置图及编号：

编制人：　　　　年　月　日</td></tr>
</table>

序号	安全措施	确认人
1	在有毒介质的管道、设备上作业时，尽可能降低系统压力，作业点应为常压	
2	在有毒介质的管道、设备上作业时，作业人员穿戴适合的防护用具	
3	易燃易爆场所，作业人员穿防静电工作服、工作鞋；作业时使用防爆灯具和防爆工具	
4	易燃易爆场所，距作业地点 30m 内无其他动火作业	
5	在强腐蚀性介质的管道、设备上作业时，作业人员已采取防止酸碱灼伤的措施	
6	介质温度较高、可能造成烫伤的情况下，作业人员已采取防烫措施	
7	同一管道上不同时进行两处及两处以上的盲板抽堵作业	
8	其他安全措施： 编制人：	

实施安全教育人			

生产车间（分厂）意见   签字：　　　　年　月　日
作业单位意见   签字：　　　　年　月　日
审批单位意见   签字：　　　　年　月　日
盲板抽堵作业单位确认情况   签字：　　　　年　月　日
生产车间（分厂）确认情况   签字：　　　　年　月　日

4.5 安全技术交底

所有参与盲板抽堵作业的人员应接受安全技术交底，交底内容主要有：

- 作业名称、地点、位号、时间；
- 具体作业内容和要求；
- 作业环境和危害；
- 针对危害采取的预防措施；
- 安全操作规程；
- 相关规章制度；
- 事故报告、避险和急救；
- 作业人员、监护人员及相关监管人员确认交底，并签名；
- 交底时间；
- 其他内容或要求等。

4.6 中国石化作业许可证管理

根据行业的特点以及生产单位的具体情况，石油石化企业在落实作业许可证管理时，对具体的管理措施进行了适当调整和细化，便于操作执行。以下是中国石化盲板抽堵作业许可证的办理流程和管理要求，其他单位可用于参考。

4.6.1 作业许可证办理流程

（1）基层单位生产工艺岗位提出盲板抽堵作业需求，绘制盲板位置图，对盲板进行统一编号。盲板位置图示例如下：

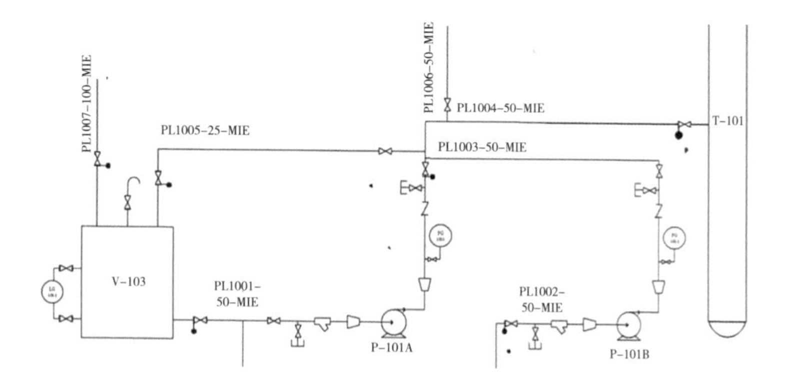

序号	盲板所在管线号及盲板编号		安装日期	确认人	拆除日期	确认人	备注
1	PL1007-100-M1E	1#JL-0001	2016.7.16	王腾	2016.7.17	王腾	
2	PL1005-25-M1E	1#JL-0002	2016.7.16	王腾	2016.7.17	王腾	
3	PL1001-50-M1E	1#JL-0003	2016.7.16	王腾	2016.7.17	王腾	
4	PL1003-50-M1E	1#JL-0004	2016.7.16	王腾	2016.7.17	王腾	
5	PL1002-50-M1E	1#JL-0005	2016.7.16	王腾	2016.7.17	王腾	
6	PL1004-50-M1E	1#JL-0006	2016.7.16	王腾	2016.7.17	王腾	

（2）针对盲板抽堵作业内容，基层单位组织生产工艺人员、设备人员等开展工作安全分析（JSA），并制定安全措施、应急方案等。JSA 流程图如下：

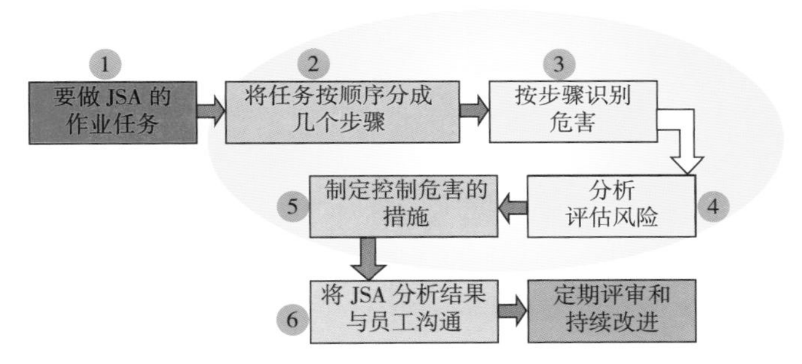

（3）基层单位生产管理岗位人员填写《盲板抽堵作业许可证》，特殊安全措施应填写在许可证“其他补充安全措施”栏，若内容较多、填写不下的，应另行填写作为许可证附件。

（4）基层单位生产管理岗位人员将盲板位置图附在《盲板抽堵作业许可证》上，交由基层单位相关负责人确认现场环境和安全措施后，签发作业许可证。

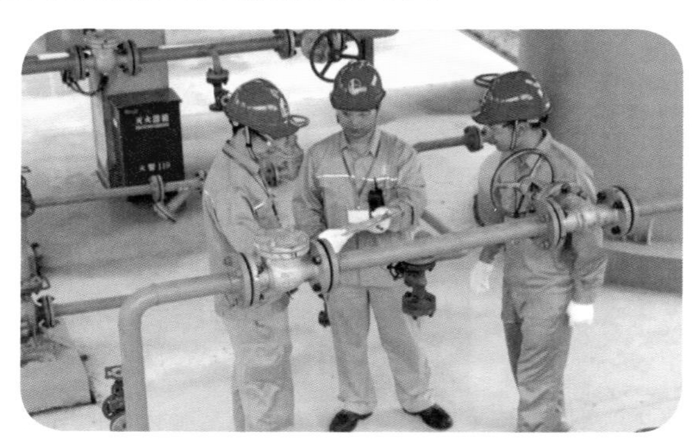

（5）基层单位组织对盲板抽堵作业人员、监护人员进行作业内容、作业要求、作业风险、安全措施、应急方案等内容的书面交底。

（6）基层单位设备人员对每块盲板设标牌标识，确保标牌编号与盲板位置图上编号一致，并组织人员实施作业。

（7）作业完成后，由基层单位生产工艺岗位进行确认，生产管理岗位人员在第一联签字确认验收，关闭作业许可证。

4.6.2 作业许可证管理

一块盲板、一次作业办理一张许可证，装置停工大检修期间的盲板拆装除外。

盲板抽堵作业涉及到动火、进入受限空间等其他特殊作业时，应按照要求办理相应的作业许可证。

许可证审批人和监护人应持证上岗，安全监督部门负责组织业务培训，办理资格证书。

作业许可证严禁涂改，作业内容、地点、范围等变更时，必须重新办理许可证。

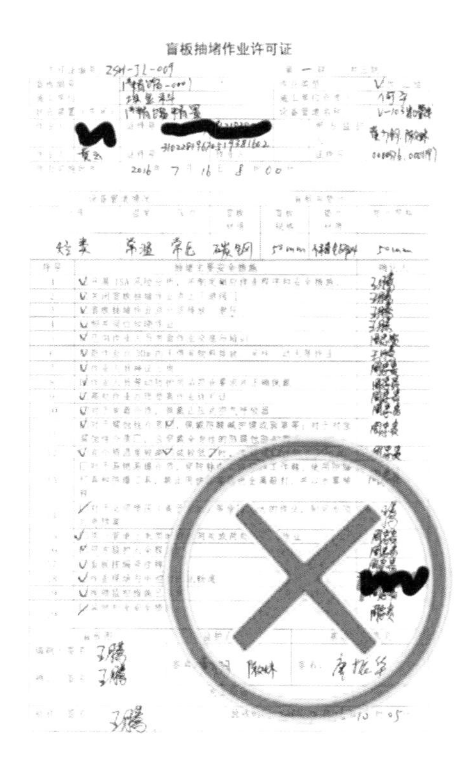
盲板抽堵作业许可证

作业许可证一式三联，第一联由签发单位留存，第二联由监护人持有，第三联由作业人员持有。

涉及受限空间、用火等特殊作业的《盲板抽堵作业许可证》第一联、《盲板确认汇总表》应随相应作业许可证保存。

作业许可证在安全部门存档，保存期为 1 年。

中国石化盲板抽堵作业许可证样式：

许可证编号：　　　　　　　　　　　　　　　　第　　联　共三联

<table>
<tr><td colspan="2">盲板编号</td><td colspan="3"></td><td colspan="2">作业类型</td><td>□加 □抽</td></tr>
<tr><td colspan="2">施工单位</td><td colspan="3"></td><td colspan="2">施工单位负责人</td><td></td></tr>
<tr><td colspan="2">联合装置(车间)</td><td colspan="3"></td><td colspan="2">设备管道名称</td><td></td></tr>
<tr><td rowspan="3">作业人</td><td></td><td rowspan="3">证件号</td><td></td><td rowspan="3">甲方监护人</td><td rowspan="3"></td><td rowspan="3">证件号</td><td rowspan="3"></td></tr>
<tr><td></td><td></td></tr>
<tr><td></td><td></td></tr>
<tr><td colspan="2">作业实施时间</td><td colspan="6">年　月　日　时　分</td></tr>
<tr><td colspan="4">设备管道情况</td><td colspan="4">盲板与垫片</td></tr>
<tr><td colspan="2">介质</td><td>温度</td><td>压力</td><td>盲板材质</td><td>盲板规格</td><td>垫片材质</td><td>垫片规格</td></tr>
<tr><td colspan="2"></td><td></td><td></td><td></td><td></td><td></td><td></td></tr>
</table>

序号	抽堵主要安全措施	确认人
1	开展 JSA 风险分析，并制定相应作业程序和安全措施	
2	关闭盲板抽堵作业点上下游阀门	
3	盲板抽堵作业点介质排放、泄压	
4	相关岗位知晓作业	
5	作业现场与控制室通风畅通	
6	已向作业人员书面作业交底与培训	
7	距作业点 30m 内不得有物料排放、采样、动火等作业	

8	作业人员持证上岗	
9	高处作业办理登高作业许可证	
10	对于有毒介质，佩戴正压式空气呼吸器，并检查备用呼吸器状况良好	
11	对于腐蚀性介质，佩戴防酸碱护镜或面罩等；对于强腐蚀性介质，应穿戴全身性的防腐蚀防护用品，检查备用防护用品状况良好	
12	在介质温度较高□或较低□时，有防烫□或防冻□措施	
13	对于易燃易爆介质，穿防静电工作服和工作鞋，使用防爆灯具和防爆工具，禁止用铁器等黑色金属敲打，并以水雾稀释	
14	对于必须带压（高于规定）等危险性大的作业，制定专项应急预案	
15	同一管道上未同时进行两处或两处以上的作业	
16	甲方监护人全程监护	
17	盲板按编号挂牌	
18	视频监控措施已落实	
19	其他补充安全措施：	

盲板图	监护人意见	基层单位意见
编制人签名： 确认人签名：	签名：	签名：
完工验收		
验收人签名：	验收时间： 年 月 日 时 分	

5 安全技术措施

5.1 作业之前安全措施

生产车间（分厂）预先绘制盲板位置图，对盲板进行统一编号。根据作业要求，选择合适的盲板及垫片。

作业单位和生产车间（分厂）应对盲板抽堵作业现场和作业过程中可能存在的危险、有害因素进行辨识，制定相应的安全措施。

生产车间（分厂）应进行如下工作：

● 对设备、管线进行隔绝、清洗、置换，并确认满足作业安全要求；

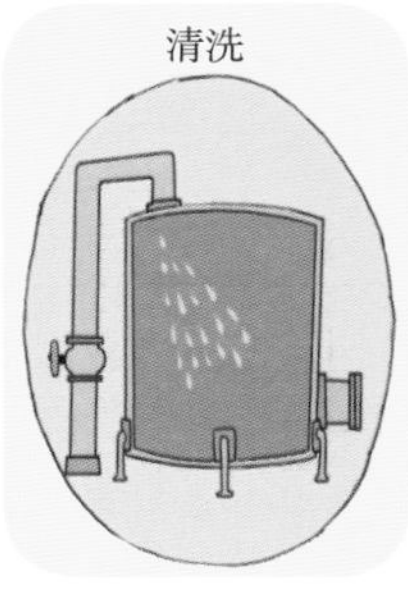

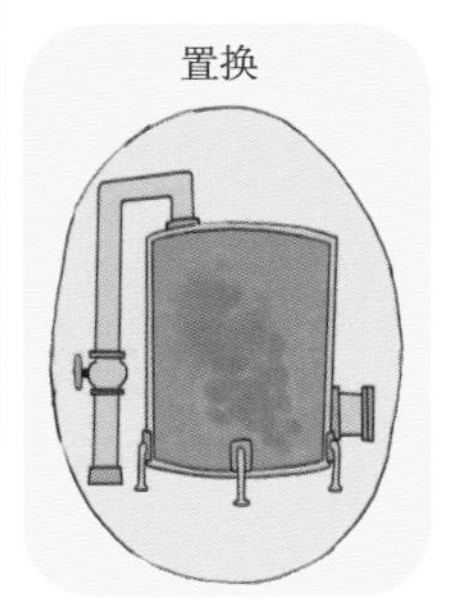

● 对放射源采取相应的安全处置措施；

● 对作业现场的地下隐蔽工程进行交底；

● 腐蚀性介质的作业场所配备人员应急用冲洗水源；

● 夜间作业的场所设置满足要求的照明装置等。

● 生产车间（分厂）和作业单位对参与作业的人员进行安全教育，主要内容如下：

● 有关作业的安全规章制度；

● 作业现场和作业过程中可能存在的危险、有害因素及应采取的具体安全措施；

● 作业过程中所使用的个体防护器具的使用方法及使用注意事项；

● 事故的预防、避险、逃生、自救、互救等知识；

● 相关事故案例和经验、教训等。

生产车间（分厂）会同作业单位组织作业人员到作业现场，了解和熟悉现场环境，进一步核实安全措施的可靠性，熟悉应急救援器材的位置及分布。

作业单位对作业现场及作业涉及的设备、设施、工器具等进行检查，符合安全要求。

5.2 作业过程安全措施

针对系统复杂、危险性大的盲板抽堵作业，生产车间（分厂）应制定专项应急预案，采取有效措施。

生产车间（分厂）设专人统一指挥盲板抽堵作业。

生产车间（分厂）和作业单位应安排专人监护，作业全过程中监护人不得离开作业现场。

作业过程与控制室保持必要的通讯联系。在危及作业人员生命健康时，应立即停止盲板作业，由生产车间（分厂）监护人引导撤离至安全区域。

盲板抽堵作业单位应按图作业，对每个盲板设标牌进行标识，标牌编号应与盲板位置图上的盲板编号一致。生产车间（分厂）应逐一确认并作好记录。

禁止在同一管道上同时进行两处及两处以上的盲板抽堵作业。

在盲板抽堵作业点流程的上下游应有阀门等有效隔断。

盲板应加在有物料来源阀门的另一侧，盲板两侧都要安装合格垫片，所有螺栓必须紧固到位。

作业时尽可能降低系统压力，作业点压力应降为常压。

通风不良作业场所要采取强制通风等措施，防止可燃气体积聚。

在有毒介质的管道、设备上进行盲板抽堵作业时，作业人员应按《个体防护装备选用规范》（GB/T 11651）的要求选用防护用具。

在易燃易爆场所进行盲板抽堵作业时，作业人员应穿防静电工作服、工作鞋；必须使用防爆灯具与防爆工具，禁止使用黑色金属工具与非防爆灯具；有可燃气体挥发时，应采取水雾喷淋等措施，消除静电，降低可燃气体危害。

距作业点30m内不得有动火、采样、放空、排放等其他作业。

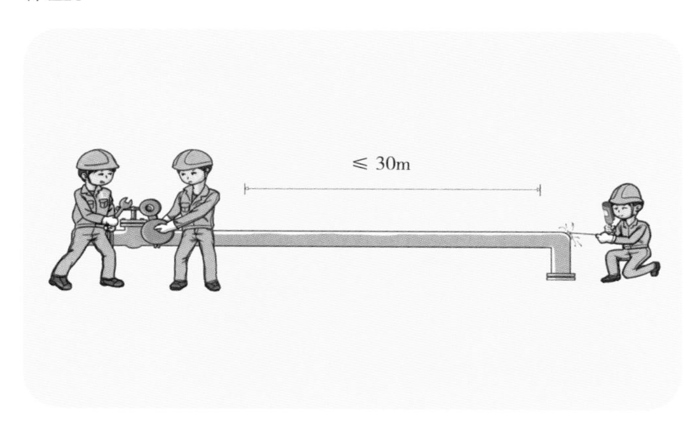

在介质温度较高或较低时，应采取防烫或防冻措施。

在强腐蚀性介质的管道、设备上进行盲板抽堵作业时，作业人员应采取防止酸碱灼伤的措施。

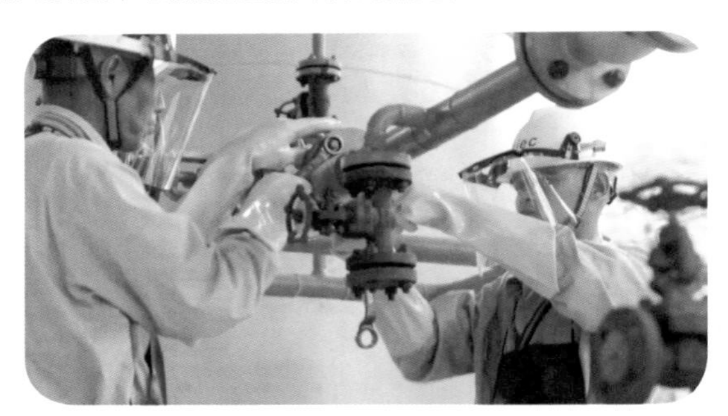

作业人员在介质为有毒有害（硫化氢、氨、苯等高毒及含氰剧毒品等）、强腐蚀性的情况下作业时，禁止带压操作，且必须佩戴便携式气体检测仪，佩戴空气呼吸器等个人防护用品。作业现场应备用一套以上符合要求且性能完好的空气呼吸器等防护用品。

作业人员应在上风向作业，不得正对法兰缝隙。

在拆除螺栓时，应按对称、夹花拆除，拆除最后两条对称螺栓前应再次确认管道设备内无压力。

如果需拆卸法兰的管道距支架较远，应加临时支架或吊架，防止拆开法兰螺栓后管线下垂。

对审批手续不全、交底不清、安全措施不落实、监护人不在现场、作业环境不符合安全要求的，作业人员有权拒绝作业。

当生产装置出现异常，可能危及作业人员安全时，生产车间（分厂）应立即通知作业人员停止作业，迅速撤离。

当作业现场出现异常，可能危及作业人员安全时，作业人员应停止作业，迅速撤离，作业单位应立即通知生产单位。

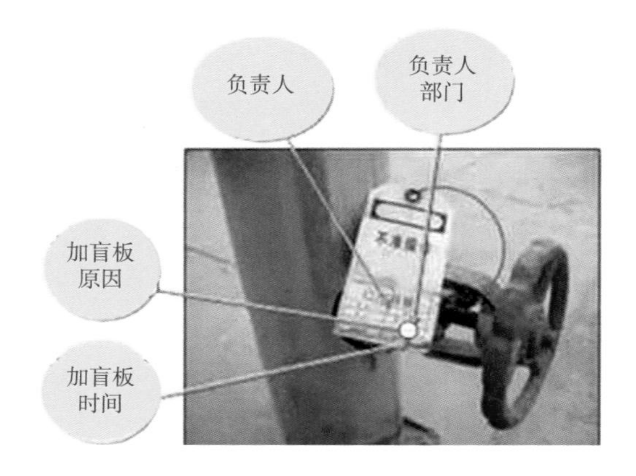

5.3 作业结束安全措施

盲板抽堵作业结束后，由作业单位和生产车间（分厂）专人共同确认。

作业单位应将盲板分类存放，以便于再次使用；恢复作业时拆移的盖板、扶手、栏杆、防护罩等安全设施；将作业

用的工器具、脚手架、临时电源、临时照明设备等及时撤离现场；将废料、杂物、垃圾、油污等清理干净。

6 应急处置和急救措施

6.1 应急处置

通过实施安全教育，使现场作业人员了解应急常识，如应急程序、紧急情况报告要求、遇到意外时的处理和救护方法等。应急救援人员和急救人员应经过专业培训，具备相应技能。

发生事故后，现场人员应立即采取措施，尽可能切断或隔离危险源，防止救援过程中出现次生灾害。同时开展现场救护、请求应急救援和上报事故信息等工作。

应急救援人员赶赴现场后，应采取有效措施对事故现场进行隔离和保护，在确保自身安全的前提下有条不紊地实施救援。严禁无关人员进入事发现场。

急救人员应尽快赶往现场。对于事故中的轻伤人员，应在现场采取可行的救护措施，如包扎止血等，防止受伤人员因流血过多而导致更大伤害。对于重伤人员，在采取必要的救护措施后，应立即送往医院进行救治。

6.2 常用急救措施

止血

紧急止住伤口流血的主要方法：创口手压止血法、指压动脉止血法、加压包扎止血法、止血带止血法。

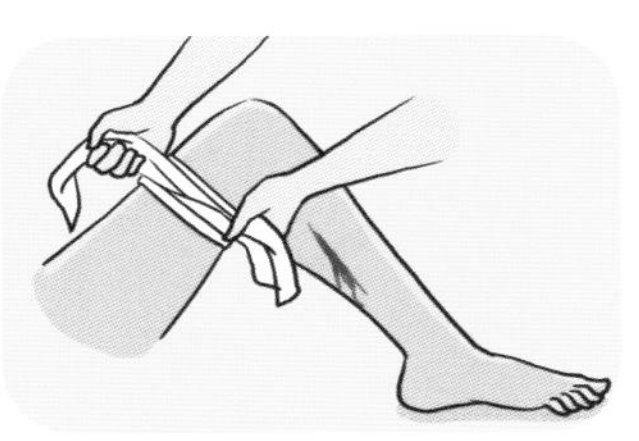

（1）创口手压止血法

用拇指、手掌(衬垫辅料)紧压创口的出血处，是最简单、

迅速的止血方法。作为临时应急措施，不宜长时间使用，也不便于搬运，应及时更换其他止血方法。

（2）指压动脉止血法

适用于四肢近端及头面的动脉及大静脉出血。用手指将出血部位动脉的近心端用力压在邻近的骨骼上，阻断血液来源。该方法是对外出血的常见急救方法。

（3）加压包扎止血法

将消毒纱布或清洁织物覆盖伤口上，然后进行包扎。若包扎后仍有较多渗血，可继续增加绷带，适当加压止血。

（4）止血带止血法

对下肢伤口出血的伤员，应让其以头低脚高的姿势躺卧，将消毒纱布或清洁织物覆盖伤口上，用绷带或者选择弹性好的橡皮管、橡皮带等紧紧包扎止血。对上肢出血者，捆绑位置在其上臂 1/2 处；对下肢出血者，捆绑位置在其大腿 2/3 处，通过适当压迫来止血。每隔 25 ～ 40 分钟放松一次，每次放松 0.5 ～ 1 分钟。

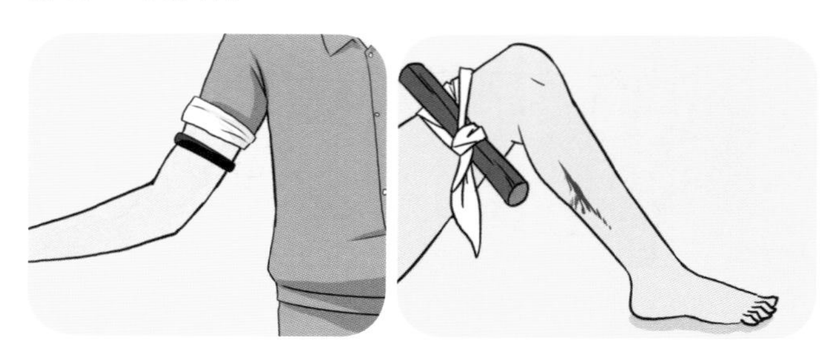

骨折固定

对骨折的伤员，应利用木板、竹片和绳布等捆绑骨折处的上下关节，固定骨折部位，也可将其上肢固定在身侧，将下肢绑在一起。

（1）下肢自体固定

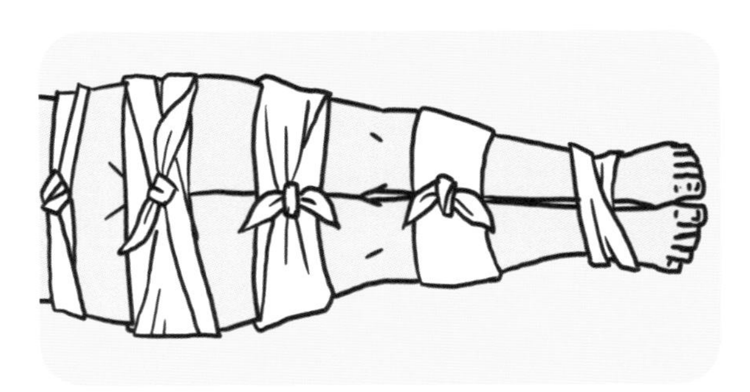

（2）前臂骨折临时固定

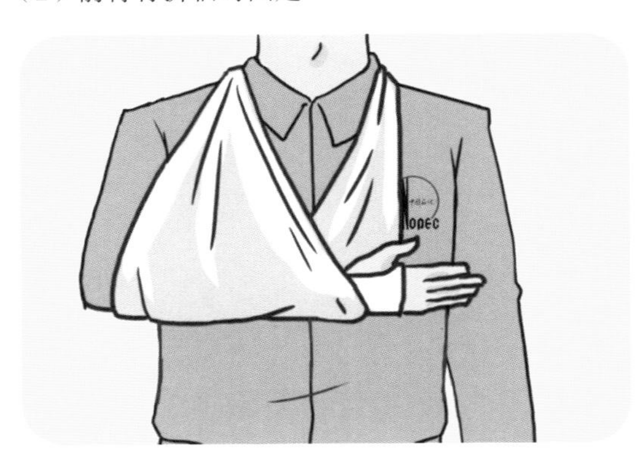

（3）胸椎、腰椎骨折固定

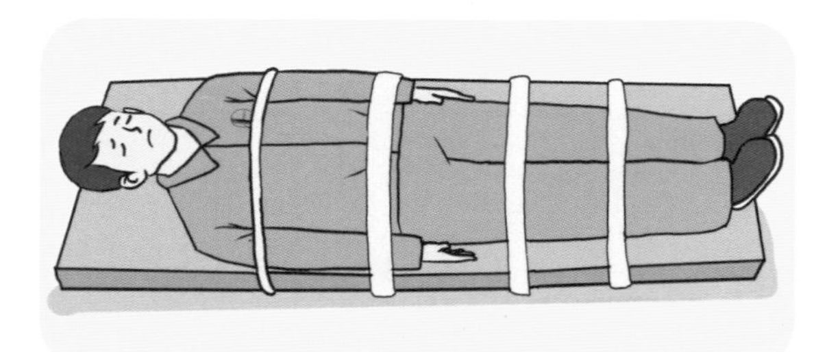

7 典型事故案例分析

7.1 氮气窒息死亡事故

事故经过

某炼油厂液化气车间1500吨/年硫黄回收装置尾气烟道烧穿，紧急停工处理。停工后，为防止与制硫炉（F-101）相连的一级、二级转化反应器（R-101、R-102）内的催化剂进入空气发生自燃，对一级、二级转化反应器通入氮气，进行保护。期间又发现制硫炉F-101之后的一级冷凝器E-101堵塞，流通不畅，需要处理。车间于当日对炉F-101开人孔、通气、通风降温处理。车间主任、公司安全处值班人员与副处长等人员对炉F-101的通气、降温情况进行检查、检测并办理作业许可证。下午6时20分左右，车间相关人员到炉F-101平台实施进炉检查的作业活动，施工单位一名人员先进入炉内，将位于炉中部通往一级冷凝器E-101方向的挡墙拆除。随后车间技术员穿上连体服，带上照明手电，佩戴了过滤式（防硫化氢）防毒面具，深入炉内检查。大约5分钟后，监护人员发现炉内没动静，立即进入炉中将技术员救出，送往医院抢救无效，死亡。

事故原因

直接原因：

由于制硫炉顶与二级转化反应器入口管线相连的二级掺合阀处于半开启状态，氮气从二级转化反应器入口处经二级掺合阀倒串入制硫炉内顶部，在当事人进入炉内深处检查时，因氮气窒息而死亡。

间接原因：

（1）车间没有指定专人负责盲板封堵作业，未建立盲板抽堵登记表，没有隔断制硫炉顶与二级转化反应器入口管线相连的二级掺合阀。车间、公司的质量、安全、环保等部门在随后的检测、检查中都未发现此隐患。

（2）现场人员使用便携式检测仪在炉内人孔口附近进行监测，在挡墙未拆除的情况下，检测结果不能代表炉内整体状况。另外，炼油厂使用旧版本受限空间作业许可证，许可证上的作业内容、作业人员及监护人员与实际作业情况不符。

（3）按照相关规定，人员在该场所作业必须配备使用空气呼吸器或长管呼吸器具，严禁使用过滤式防毒面具。而当事人违反规定，佩戴了过滤式防毒面具进入炉内深处检查。

7.2 可燃液体泄漏致火灾爆炸事故

事故经过

某公司重整装置脱丁烷塔进料换热器排油、加盲板、顶水置换加跨线动火作业。上午 8 时 10 分，外操陈某和谷某从

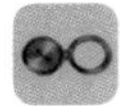

换热器导淋处接皮管放油至地漏。8 时 35 分，班长张某签发换热器壳程入口拆法兰、管线顶水完后加盲板作业票。9 时 20 分，设备技术岗张某安排施工单位作业人员根据作业票要求加设盲板，作业人员见法兰松开后换热器内仍有残留轻石脑油流出，便在距法兰 19m 处进行跨线的预制动火作业。9 时 45 分，轻石脑油挥发气体遇附近进行管线预制的明火发生闪燃，造成焊工孙某脸部、颈部 3% Ⅱ度灼伤，安全员吴某在扑救火灾过程中脸部、颈部、四肢 30% Ⅱ度灼伤。

事故原因

直接原因：

脱丁烷塔进料换热器法兰脱开后，轻石脑油泄漏并流淌开来，轻组分挥发后在周围形成爆炸性气体，遇附近预制管线的明火而发生闪燃。

间接原因：

（1）装置工艺技术员对换热器壳程入口法兰加盲板作业和接跨线作业的风险认识不足，在整个系统中存在油气的情况下，没有制定有效的工艺管线安全交出方案，违章指挥，在换热器壳程入口法兰拆除作业时，违章签发跨线预制动火作业许可证，造成事故发生。

（2）换热器壳程入口法兰拆除作业许可证签发人员未进行现场确认，相关安全措施未落实到位。

（3）动火监护人及相关管理人员在施工单位作业人员拆开换热器壳程入口法兰、轻石脑油泄漏，且现场油气味较大的危险情况下，未及时叫停预制管线动火作业，管理职责履行不到位。

（4）现场高风险交叉作业缺乏统一协调，管理存在漏洞。